RECHERCHES HISTORIQUES

SUR

LES INONDATIONS

DU RHONE ET DE LA LOIRE

PAR

M. MAURICE CHAMPION.

PARIS

TYPOGRAPHIE PANCKOUCKE

Quai Voltaire, 15

1856

RECHERCHES HISTORIQUES

SUR

LES INONDATIONS

DU RHONE ET DE LA LOIRE.

Au moment où le fléau de l'inondation vient encore une fois de jeter le deuil et la consternation parmi les populations riveraines du Rhône et de la Loire, il n'est pas sans intérêt de rechercher dans l'histoire quels furent à d'autres époques les débordements mémorables de ces deux immenses cours d'eau. Nous allons essayer d'en faire l'énumération aussi complète et aussi exacte que possible, d'après les documents originaux. Nous aurions pu étendre de beaucoup ce travail, présenter en même temps le tableau général des grandes inondations, et elles furent nombreuses, qui se firent sentir en France depuis l'origine de la monarchie jusqu'à nos jours, mais le cadre restreint de cet article ne comporte pas une étude aussi développée.

A propos de cette terrible calamité de l'inondation, qu'il nous soit permis de faire une remarque qui nous paraît avoir une certaine importance au point de vue de la science historique : c'est que les grandes catastrophes naturelles qui ont affligé la France, et par là nous entendons toutes les calamités publiques, inondations, famines, épidémies, incendies, etc., n'ont jamais été l'objet d'aucun travail particulier. Cette question n'a pas encore été traitée d'une manière spéciale ; elle offre cependant un vif intérêt, une curieuse et émouvante suite d'événements restés enfouis dans les Chartes, les Chroniques, dans les documents contemporains de tous genres parvenus jusqu'à nous. Pour combler cette lacune d'érudition nationale, nous avons conçu l'idée d'un ouvrage sur ce sujet, et dans ce but nous avons déjà recueilli une assez grande quantité de matériaux. C'est parmi ces notes que nous puisons les éléments de la présente notice ; elle ne sera qu'un assemblage de faits groupés à la hâte, un résumé des débordements principaux des deux grands fleuves qui ont eu récemment le triste privilège de fixer l'attention publique d'une façon si lamentable. Toutefois, nous ne nous sommes pas borné à la chronologie toute faite, aussi inexacte qu'aride, des Encyclopédies ; en remontant aux sources historiques elles-mêmes, nous avons voulu donner non-seulement des dates authentiques, mais encore des détails généralement peu connus.

La première inondation simultanée du Rhône et de la Loire remonte à l'an 580, et Grégoire de Tours la rapporte en termes précis (1) : « La cinquième année du roi Childebert, dit-il, le pays d'Auvergne fut accablé d'un grand déluge d'eau, tellement que la pluie ne cessa de tomber pendant douze jours ; et celui de Limoges fut inondé de telle sorte, que beaucoup de gens furent dans l'impossibilité de semer. Les rivières de Loire et de Flavaris, qu'ils appellent l'Allier, ainsi que les autres courants qui viennent s'y jeter, se gonflèrent à ce point, qu'elles sortirent des limites qu'elles n'avaient jamais franchies, ce qui causa la perte de beaucoup de troupeaux, un grand dommage dans l'agriculture, et renversa beaucoup d'édifices. Le Rhône, qui se joint à la Saône, sortit même de ses rivages, au grand dommage des peuples, et renversa une partie des murs de la ville de Lyon. »

On voit, par ce passage du vieux chroniqueur des Francs, que le fléau de l'inondation existait à cette époque avec un caractère non moins impétueux qu'à présent. Comme on le verra plus bas, il semble se renouveler, en outre, beaucoup plus souvent, être pour ainsi dire périodique, et cela résulte encore du témoignage de Grégoire de Tours. Il nous fait connaître quelques

(1) *Hist. Franc* Lib. V.

autres débordements de rivières, mais sans préciser les
contrées où ils se produisirent. Néanmoins, il n'est
pas douteux que c'est à la Loire qu'on doit les ap-
pliquer. En effet, de son palais dominant le cours du
fleuve, le saint évêque de Tours fut certainement té-
moin des faits qu'il relate ; il vivait dans ce temps, et
peut-être écrivait-il ayant sous les yeux le tableau af-
fligeant des campagnes couvertes d'eau. Nous le citons
encore textuellement (1) : « En 585, de grandes pluies
grossirent tellement les rivières, que, sortant de leur lit,
elles enlevèrent les moissons voisines et couvrirent les
prairies. — En 588, les rivières grossirent outre mesure,
en telle sorte qu'elles couvrirent des endroits où les
eaux n'étaient jamais arrivées et ne firent pas peu de
tort aux semences. — En 587 et 590, les eaux grossirent extraordinairement. — En 592, les foins périrent
par les débordements des fleuves. » Frédégaire (2), de
son côté, mentionne à cette même date « une grande
inondation de fleuves en Bourgogne, de sorte, dit-il,
que les eaux dépassaient de beaucoup leur lit. »

Dans l'espace de douze années, voici donc six débordements successifs, et cette remarque doit être consta-
tée ; elle prouve d'une manière irrécusable que les inondations furent très-communes au moyen âge. Il y a eu
ignorance absolue de ces faits lorsqu'on a dit, pour soutenir des systèmes sur les causes et les remèdes des inondations, *que ce fléau était nouveau en France*. On l'a surtout
attribué au déboisement (3). Sans nous prononcer sur
cette opinion toute scientifique, nous déclarant incompé-
tent en cette matière, nous ferons seulement cette simple
observation, que la plus grande partie du territoire, aux
6e et 7e siècles, était couverte d'épaisses forêts; que cet
état de choses exista longtemps ; que le défrichement
des terres s'effectua avec lenteur, et cependant nous
n'en voyons pas moins apparaître les inondations d'une
manière fréquente et formidable ; elles devaient même

(1) *Ibid.* Lib. VIII, IX, X.
(2) *Chronic.* Lib. V.
(3) Cette question a été l'objet de nombreuses controverses depuis 1840; ses partisans exclusifs ont trop dédaigné les faits
pour ne s'occuper que de théories systématiques. Elle a été ra-
menée à sa véritable portée par M. Aristide Dumont, dans ses
articles sur les *causes des inondations* (*La Presse*, novembre
1846), et par M. Z. Jouine, dans sa brochure *Reboisement des
montagnes* (Digne, 1850).

se faire sentir à des intervalles rapprochés, si l'on en juge par les divers fragments de Grégoire de Tours cités plus haut. Et cela se conçoit, car il n'y avait alors ni endiguement, ni barrage, ni levée pour se garantir des dangers des crues se renouvelant chaque année, ni canaux permettant aux eaux des fleuves de se répandre sur une plus grande surface et d'abaisser par conséquent leur niveau. Seulement l'inondation n'avait pas, dans ces temps reculés, les désastreuses conséquences qui en ont fait par la suite, et de nos jours plus qu'à aucune autre époque, la plus terrible des calamités. Des grands centres de commerce et d'industrie, des populations agricoles actives et nombreuses, ne se trouvaient pas, comme aujourd'hui, échelonnés le long des grands cours d'eau, et les fleuves, en sortant de leurs limites, ne venaient pas submerger des richesses considérables, apporter l'épouvante et la désolation parmi des masses d'habitants, anéantir leur fortune et menacer leur existence.

C'est sans contredit à cette raison qu'il faut attribuer le peu d'attention accordée, en général, par les chroniqueurs, au fléau de l'inondation; en outre, lorsque des événements de ce genre arrivaient dans d'autres contrées que celles qu'ils habitaient, ils n'en avaient pas toujours connaissance, à cause de l'absence de toutes relations suivies entre les diverses provinces, résultant des difficultés de communication. Aussi la plupart des inondations des bassins du Rhône et de la Loire, comme celles des autres fleuves, pendant toute la période du moyen âge, nous sont-elles très-imparfaitement connues; il faut en excepter toutefois les débordements de la Seine, dont Paris eut tant à souffrir, lesquels sont l'objet de mentions spéciales, et cela s'explique : cette ville, en devenant le siége de l'autorité royale, acquérait une importance qui ne permettait pas aux historiens de passer sous silence les catastrophes s'appesantissant sur elle. Toute calamité dont la capitale du royaume était affligée devenait un malheur public, et à ce titre, devait être consignée dans ses annales.

Cependant, en fouillant attentivement les vieilles Chroniques, on trouve çà et là quelques traces de grandes inondations; mais elles sont presque toujours relatées avec laconisme, sans indication de lieux, de sorte qu'il est impossible de préciser à quels fleuves elles se rapportent, si elles furent partielles ou générales, et, par conséquent, si le Rhône et la Loire, dont nous nous occupons spécialement, eurent plus ou moins de part à ces sinistres. On doit supposer qu'ils n'y restèrent pas étrangers.

Quoi qu'il en soit, ce n'est qu'en 820, c'est-à-dire deux siècles et demi après les premières inondations signalées par Grégoire de Tours, que nous en voyons se manifester de nouvelles. Eginhard en parle seul (1); il se borne à dire « que les eaux des fleuves débordés couvrirent la terre dans quelques endroits, qu'elles y séjournèrent longtemps et empêchèrent les semailles. »

Il se passe encore près de deux siècles avant que ce fléau ne reparaisse, dans les documents historiques bien entendu, et cette fois, suivant une Chronique anonyme, il provient de la Loire (2) : « Dans différents pays, dit-elle, les fleuves débordèrent. La Loire surtout sortit tellement de son lit, qu'on fut exposé à de grands dangers dans tous les environs. » Cette inondation est marquée à l'an 1003 et, à l'an 1037, la même Chronique ajoute « que la Loire, ayant deux fois débordé, causa dans les environs des dommages considérables (3). »

Raoul Glaber nous apprend aussi que vers ce temps : « Toute la terre fut tellement inondée par des pluies continuelles, que durant trois années on ne trouva pas un sillon bon à ensemencer (4). »

D'après le témoignage de la Chronique anonyme que nous venons de citer, les mêmes malheurs se renouvelèrent, avec une égale durée, dans les premières années du 12e siècle (5), et suivant Orderic Vital, en 1120 :

---

(1) *Annal. reg. Franc.* — Les *Annales de Saint-Bertin* placent, en outre, en l'an 846, une grande inondation de l'Yonne, qui se répandit dans la cité d'Auxerre. « Ce qu'il y eut de plus merveilleux, y lisons-nous, c'est qu'une vigne avec sa pièce de terre, les ceps, les sarments, les arbres et tout, fut charriée par la rivière sans se briser en aucune manière et replacée toute entière, ainsi qu'elle était, dans un autre champ, comme si elle y eût été naturellement. »

(2) Frodoard cependant, dans sa *Chronique*, parle « d'une inondation énorme et comme on n'en avait jamais vu, qui arriva le 23 juillet 966; » Mais cette indication laconique est l'unique renseignement que nous en trouvons.

(3) *Fragments de l'Histoire des Français*, Collect. Guizot, tome VII, pag. 33 et 36.

(4) 1030 à 1032. *Chronic.* Lib. IV, Cap. IV.

(5) Vers 1108. Collect. Guizot, tome VII, pag. 57.

« L'inondation des rivières, causée par des pluies ex-
cessives, envahit les habitations des hommes (1). »

Moins d'un siècle ensuite, et dans un intervalle de
cinquante ans, quatre inondations se firent sentir, et bien
qu'elles ne puissent pas toutes être classées parmi celles
du Rhône ou de la Loire, faute d'indices suffisants,
nous croyons devoir nous y arrêter comme une preuve
à l'appui des réflexions que nous avons faites sur la
fréquence de ces calamités au moyen âge. Ces inondations se trouvent consignées dans différents chroniqueurs.

Voici d'abord Guillaume de Nangis (2) : « Au mois
de novembre (1175), dit-il, il y eut une inondation
d'eaux extraordinaire qui renversa les métairies et submergea les semences. — Il y eut au mois de mars (1196),
en plusieurs endroits, une soudaine et excessive inondation d'eaux et de fleuves qui détruisit des villes avec
leurs habitants. »

Viennent ensuite Rigord et Guillaume le Breton, qui
parlent tous deux de cette dernière inondation (3). Le
premier dit « que des villages entiers furent submergés
avec leurs habitants, » et le second confirme cette as-
sertion dans ces termes : « Il survint tout à coup une
inondation d'eaux et de fleuves qui détruisit les ponts
en beaucoup de lieux et renversa beaucoup de villes. »
Rigord ajoute que les ponts sur la Seine furent rompus,
et comme il est avéré que cette inondation causa d'immenses ravages dans Paris, à ce point que Philippe-Au-
guste dut quitter son palais de la Cité pour se réfugier
à l'abbaye Sainte-Geneviève, l'histoire l'a enregistrée plus
spécialement dans les fastes de la capitale. Néanmoins,
il existe des témoignages constatant qu'elle exerça de
grands désastres sur les bords du Rhône ; mais rien
n'atteste qu'elle embrassât le bassin de la Loire ; toutefois, il est permis de le supposer, et le récit, quelque bref qu'il soit, des chroniqueurs, peut confirmer
cette conjecture. Les expressions dont ils se servent
semblent, sinon généraliser, du moins donner une
grande étendue à l'inondation, et l'Orléanais ne tou-
chait-il pas à l'Ile-de-France ? Il est certain qu'elle

(1) *Histoire de Normandie*, liv. XII. Cette inondation se rapporte plus particulièrement à la Seine.
(2) *Chronic.*
(3) *De Gest. Philip.-Aug.*

présenta un caractère de dévastation inaccoutumé qui jeta l'épouvante et l'effroi dans la société. Aussi Rigord, avec cette naïveté pieuse des écrivains monastiques, n'a-t-il pas manqué de se faire l'interprète des lamentations publiques inspirées par ce terrible fléau :

« Le clergé et le peuple de Dieu, dit-il, à la vue des signes et des prodiges qui les menaçaient dans le ciel et sur la terre, craignirent un second déluge ; et le peuple fidèle se mit en dévotion avec des gémissements, des larmes et des soupirs, passant les jours dans les jeûnes et les prières. On faisait des processions à pieds nus, on criait vers le Seigneur pour qu'il pardonnât au repentir, pour qu'il détournât des pécheurs, dans sa clémence, le fouet de sa colère et qu'il daignât les exaucer , recevant en miséricorde leur pénitence et la satisfaction qu'ils lui offraient du fond du cœur. Le roi Philippe suivit lui-même ces processions, comme le plus humble de ses sujets , avec des larmes et des soupirs. »

En 1206, au mois de décembre, les pluies amenèrent une nouvelle inondation « telle, rapporte Guillaume le Breton, que depuis un siècle on n'en avait pas ouï raconter de pareille. » Nous voyons encore dans le même chroniqueur, « qu'en 1219, pendant tout le mois d'avril, et jusqu'au milieu du mois de mai, les fleuves s'enflèrent tellement qu'ils couvrirent les prés, les bruyères, les bourgs, les vignes et les moissons dans leur voisinage, au grand dommage des cultivateurs ; ensuite, qu'il ne cessa de pleuvoir continuellement jusqu'aux calendes de février, et qu'il y eut une si grande inondation d'eaux, que les flots firent crouler des ponts et un grand nombre de moulins et de maisons. »

En 1226, au mois de septembre, le Rhône déborda et causa des dommages considérables à Lyon ; la ville d'Avignon surtout eut grandement à souffrir, ayant été démantelée à la suite du siége qu'elle venait de soutenir contre l'armée royale de Louis VIII, pour la cause des Albigeois.

Pendant le 14e siècle, quatre inondations du Rhône, en 1338, 1356, 1362 et 1375 (1), eurent lieu, et cinq autres dans le 15e siècle, en 1408, 1421, 1433, 1471 et

(1) Des lettres patentes de Charles V, données en cette année, nous apprennent qu'il y eut à Lyon 200 habitations détruites par les eaux du Rhône et de la Saône.

1476. Lyon, Avignon, Tarascon, Beaucaire, Arles furent fortement endommagés par ces grands débordements, qui renversèrent des maisons, emportèrent des ponts et firent même des victimes.

Le 16ᵉ siècle fut encore plus fécond en malheurs semblables; on compte jusqu'à dix inondations qui se firent sentir sur les rives du Rhône; en voici les dates :

Juillet 1501; novembre 1544; novembre 1548; 1561 (1); décembre 1570; 1571; octobre 1573; 1578; août 1580; 1590 (2).

La plus épouvantable de toutes fut celle de 1570, et, pour en donner une idée, nous transcrivons une relation de « ceste histoire du Rhosne advenue de nostre temps et de laquelle la memoire en est encore toute freche, » comme dit l'auteur (3).

« Le deuxiesme jour de décembre, sur les onze heures de nuit, advint à Lyon un déluge des plus effroyables qu'on vit onc, et pour estre soudain, et non attendu ny cognu par signe précédent, et pour estre advenu lorsque chacun estoit le plus assopi de sommeil. Or est Lyon arrousée de deux belles rivières, le Rhosne et la Saone, l'un assez paisible et l'autre violente et furieuse, car la Saone coule doucement et le Rhosne est tout ravageant, enflé et tourbilloneux, et n'estoit que meslé avec son voisin il appaise ses fureurs, il ne seroit si aisé qu'il est à naviguer, quoy qu'encor il y aie toujours du péril. Ce fleuve, enflé par les neiges fondues ès monts et par les vents auxquels il est subjet qu'autre fleuve de Gaule, vint à se desborder si soudainement avec telle impétuosité, que non-seulement celle partie de la cité de Lyon qui avoisine ce fleuve, ains encor la pluspart du plat pays prochain en furent tellement assaillis, que de mémoire d'homme, ny par aucun escrit, on ne lit point que pareil desbord fust advenu à ceste rivière. Jamais le Rhosne ne vint ny tant opinément, ny avec

(1) Charles IX donna 2,217 livres à la ville de Beaucaire, pour réparer les désastres causés par cette inondation.

(2) Consultez un curieux écrit sous ce titre : *Mémorable discours des foudres, tempestes, tonnerres, tourbillons de vents, tremblement de terre, inondations d'eaux, advenues en divers endroits de ce royaume, depuis l'an 1550 jusqu'à présent,* par Jean de Luysandre. Paris, 1587, in-8°.

(3) *Histoires prodigieuses,* recueillies par François de Belleforest, Comingeois, Paris, 1597, t. III, ch. xv. *De l'effroyable et merveilleux desbord de la rivière du Rhosne dedans, ès entours de la cité de Lyon.*

telle fureur et vitesse; le plat pays estant ainsi surpris
des eaux, les habitans n'eurent presque le loisir de se
sauver, à cause que depuis le samedi jusques au lundy
suivant ce fleuve ne cessa de croistre. C'est ce qui es-
tonna le peuple, lequel on voyoit par la ville de tous
costez esparts crians miséricorde et ne sçachant où se
retirer, tant il se sentoit surpris, et si peu il esperoit de
salut en ceste misère. Ce fust la basse ville du costé du
plat pays qui se ressentoit de ceste calamité, en tant
que l'eau l'occupant petit à petit, mais avec telle fureur que bien heureux ceux qui pouvoyent garentir leur
vie et se sauver de rue en rue, pour s'en aller vers la
montaigne; car de se tenir en leurs maisons c'eust esté
se précipiter au péril certain de la mort. C'estoit pitié
de voir les maisons champestres abatues, les pauvres
paysans et villageois s'enfuir desnuez de tous leurs
biens et substance et voyans leurs maisons couvertes
d'eau, leurs champs ensémencez noyez, leur espérance
de récolte future perdue, leur bestail esgaré, languis-
sant et la plus part englouty, et suffoqué par la violence de ce déluge, lequel a ruiné plusieurs villages
tous entiers, abatu et desraciné plusieurs grands arbres,
emporté grand nombre de ponts, de bestail noyé sans
nombre, et plusieurs hommes noyez dedans les ondes.
Dedans la ville cette furieuse rivière s'espandant dis-
sipoit et ruinoit tout ce qui luy estoit offert; et vomissant
ses gros bouillons et flots furieux, elle esbranloit de
gros édifices, où plusieurs personnes finirent leur vie.
Et quoique le pont qui est à Lyon basti sur ceste su-
perbe rivière y soit fort et bien fondé, et basty de
bonnes matières, si est que l'eau l'esbranla avec telle
violence que quelques arches d'iceluy s'en allèrent aval
l'eau. »

Nous trouvons encore, dans un autre ouvrage con-
temporain, une description de cette catastrophe, et,
pour en compléter tous les détails, nous la donnons
aussi textuellement (1) :

« Le samedy second jour de décembre l'an 1570, sur
les onze heures avant la minuict, le peuple de la ville de
Lyon estant en son repos, et ne se doutant de rien, le
Rhosne, fleuve rapide, s'enfla et desborda tout à coup

(1) *Histoires admirables et mémorables de nostre temps*, recueillies de plusieurs auteurs, mémoires et avis de divers lieux,
par Simon Goulart, Senlisien, t. II, p. 108. Paris, 1606.

de telle impétuosité, qu'il couvrit en un instant le plat pays et vint à emplir les maisons de la ville au grand estonnement de tous. Car depuis les onze heures de nuict du samedy jusques à trois heures après midy du lundy ensuivant, le Rhosne ne cessa de s'estendre, eslargir et croistre, faisant des ravages incroyables. La calamité des paysans, en la ruine de leurs maisons, en la perte de leurs provisions et bestail, fut inestimable. Quant au dommage qu'en reçeut la ville, il fut indicible. Lorsque l'eau commença avec un bruit merveilleux à gaigner le bas, on voyoit le peuple courir esperduement deçà delà pour se sauver, les uns vers la montagne, les autres de rue en rue, gaignant toujours le haut, laissant leurs boutiques, maisons et chambres à la discrétion de l'indiscret élément, qui creusoit les édifices mal asseurez, et les faisoit tomber sur les personnes, ou estouffoit ceux et celles qui ne s'estoient pas esveillez d'heure pour se sauver. Davantage la Saune, rivière ordinairement coye, s'esmouvant lors extraordinairement, se vint joindre au Rhosne en un endroit nommé la place de Confort. Alors le Rhosne se rendit plus terrible, telle rencontre en cet endroit n'ayant jamais esté veüe. Les ruines des bastimens redoublèrent, comme aussi les submersions des personnes, et le naufrage d'une infinité de biens. Le pont du Rhosne, qu'on dit avoir deux cens cinquante-six toises de longueur, fut tellement secoué et esbranlé, que quelques arches d'iceluy s'en allèrent à val l'eau. Les plus grandes ruines furent au bourg de la Guillottière, auquel point estre le plus proche du pont, ne se trouva fondement si ferme qui ne fust renversé par ce violent ravage ; et n'y eut maison en ce fauxbourg spacieux qui en fust garantie ; de manière que ce fauxbourg, paravant beau et bien peuplé, et qu'on pouvoit appeller le grand magazin de fréquent commerce, sembloit après ce déluge un cadavre de ville, rompu, ruiné et dissipé. Les belles maisons, lieux de plaisance et bastimens excellens qui embellissoient la plaine, furent démolis et désolez ; infinis meubles emportez par la fureur de l'eau à une demie lieue loin. »

Ces détails sont la narration fidèle des grandes inondations qui affligèrent dans la suite la ville de Lyon ; les circonstances en sont tout à fait identiques.

Du 13e au 16e siècle, les documents contemporains gardent le silence, pour ainsi dire, sur les débordements de la Loire, tandis qu'ils constatent treize grandes inondations de la Seine, lesquèlles firent subir à Paris des désastres considérables. Cependant, dans les années 1414, 1427 ou 1428, et 1493, la Loire éprouva des crues énormes et exerça quelques ravages. En 1557 également, et en 1567, le 28 mai, elle déborda encore, mais avec beaucoup plus d'intensité ; elle se réunit au Loiret ; Orléans et ses environs furent submergés, ce qui donna naissance, sans doute, à ce vieux dicton (1) :

> Quand Loire et Loiret s'entre-tiennent,
> Il n'y a pays qu'ils ne tiennent.

La ville de Tours fut aussi envahie par les eaux extrêmement grossies de la Loire et du Cher, et une plaque en marbre, conservée dans la rue Saint-Etienne, atteste qu'elles atteignirent sur ce point une hauteur de plus d'un mètre (2).

En 1608, la Loire occasionna des désastres considérables, et vingt ans après, dans le mois de novembre 1628, ses eaux montèrent avec une rapidité telle, que plusieurs des hauts personnages de la cour de Louis XIII, qui revenaient du siége de la Rochelle, faillirent être victimes de cette crue extraordinaire. Voici comment *le Mercure françois* rapporte cet événement : « En ce temps-là, comme toute la cour retournoit à Paris, la rivière de Loire parut si furieuse en son débord, qu'en une nuit elle fit des ravages incroyables et inonda quantité de villages et terres labourables, en telle sorte que le dommage a été estimé de plusieurs millions d'or, sans le risque et péril que coururent une infinité de personnes d'être noyées, et entre autres MM. le cardinal de Richelieu, le garde des sceaux, et plusieurs autres qui furent en danger de leurs personnes. »

En 1663, une nouvelle inondation, plus violente en-

---

(1) Nous le trouvons dans un ouvrage imprimé en 1644, intitulé *les Rivières de France*, par le sieur Coulon.

(2) Dans la petite église de Saint-Mesmin, près d'Orléans, on voit aussi une inscription qui se rapporte à cette inondation. Elle est ainsi conçue :

> L'an mil cinq cent soixante-sept,
> Du mois de mai le dix-sept.
> En cette place et endroit,
> Se trouvèrent Loire et Loiret.

core, se manifesta; elle fut, sur le moment même, l'objet d'une relation spéciale, qui parut sous ce titre : « *Les étranges et déplorables accidents arrivés en divers endroits de Loire et lieux circonvoisins, par l'effroyable débordement des eaux et l'épouvantable tempête des vents, le 19 et 20 janvier 1633, ensemble les miracles qui sont arrivés à des personnes de qualité et autres, qui ont été sauvés de ces périlleux dangers* (1). »

Ce fut vers cette époque que l'on commença à s'occuper sérieusement de l'établissement et de l'entretien des digues sur les principaux points du cours de la Loire les plus exposés, par leur situation topographique, à être engloutis sous les eaux. Les villes bâties sur les bords du fleuve, les vallées plantureuses et d'une fertilité déjà renommée, qui s'étendaient de chaque côté de ses rives, furent mises à l'abri et garanties des débordements par des travaux d'art, consolidés et perfectionnés dans la suite, lesquels malheureusement ne furent pas toujours assez puissants pour protéger d'une manière absolue ces riches contrées contre le fléau des inondations.

Les turcies et levées, ainsi que ces ouvrages sont désignés dans les ordonnances administratives, datent néanmoins de beaucoup plus loin ; il en est déjà question dans un Capitulaire de Louis le Débonnaire (2). Les anciens rois avaient créé des commissaires pour veiller à leur conservation et à leur entretien. Dès le 11e siècle, il y avait des fonctionnaires préposés uniquement à leur garde et surveillance, jouissant de différents priviléges. Henri Ier en fit ériger sur une longueur de onze lieues environ, dans l'Anjou (3), et les rois Anglo-angevins des Plantagenets contribuèrent aussi à leur construction pendant qu'ils tenaient la domination de cette

(1) Paris, J. Brunet, 1633. In-8°.
(2) De aggeribus juxta Ligerim faciendis, ut bonus missus eidem operi præponatur, et hoc Pippino per nostrum missum mandetur, ut et ille ad hoc missum ordinet, quatenus prædictum opus perficiatur. — *Capitular. Reg. Francor*, t. I, p. 776.
(3) Rex Henricus fecit fossata alta et lata inter Franciam et Normanniam ad prædones arcendos; similiter fecerat in Andegavensi pago super Ligerim, ad aquam arcendam quæ messes et prata prædabat, quædam retinacula que torcias vocant, per triginta fere milliaria, faciens ibi ædificare mansiones hominum qui torcias tenerent, quos etiam fecit liberos de exercitu et multis aliis ad fiscum pertinentibus. — *Robertus de Monte, in append German.*

province. Elles furent commencées par Charlemagne, complétées par Henri II d'Angleterre, et refaites par Philippe de Valois, après son père, Charles de France, qui lui même y fit beaucoup travailler vers la fin du 13e siècle. Louis XI en établit de nouvelles, et éleva les anciennes à la hauteur de quinze pieds au-dessus des basses eaux. En 1738, elles s'étendaient depuis Angers jusqu'à Nevers, sur la Loire, et le cours de l'Allier en était aussi pourvu jusqu'à Vichy. Le continuateur de Delamare, Le Clerc du Brillet, fait la description de ces levées, telles qu'elles existaient dans ce temps (1). «Leur largeur ordinaire, dans leur superficie, dit-il, est de quatre toises ; celle de la base est proportionnée aux différentes hauteurs, de manière qu'une levée de douze pieds de hauteur a douze toises de largeur dans le bas; il faut néanmoins excepter de cette règle les levées qui ne servent point de chemin, dont la largeur au-dessus est communément fixée à trois toises. » Ces constructions subirent depuis bien des améliorations; si elles mirent souvent obstacle aux débordements annuels de la Loire, si elles furent d'un grand secours dans le Val et la basse Loire surtout, elles n'empêchèrent pas complétement les inondations, qu'elles rendirent même plus dangereuses en quelque sorte, lorsque les eaux, se faisant irruption à travers les levées, venaient à les rompre, comme, par exemple, en 1644, où la Loire se réunit au Loiret; en 1649 et 1651, où les vallées d'Anjou souffrirent plus particulièrement (2) ; en 1665, 1668, 1707 (3), où tout le Val d'Orléans fut submergé ; en 1709, 1710, 1711, 1723, où les mêmes désastres se reproduisirent. En 1733, l'inondation atteignit des proportions immenses. « On s'aperçut à Orléans le 27 mai que la rivière croissait, dit une relation contemporaine (4); le lendemain, on la vit encore grossir; néanmoins cela ne causa pas beaucoup d'effroi durant la matinée, mais tout à coup sur les trois heures après midi, il vint

(1) *Traité de la police*, tome IV, livre VI, titre XIII, chapitre 5, intitulé : *Des turcies et levées ; de l'entretien et des réparations de ces ouvrages.*
(2) Voir un Arrêt du conseil en date du 24 mai 1651, pour le rétablissement des turcies et levées dans cette partie de la basse Loire. Ordonnances de Louis XIV, tome III, folio 320.
(3) Saint-Simon parle de cette inondation de 1707 dans ses *Mémoires*, il la présente comme très-désastreuse.
(4) *Traité de la police*, tome IV, livre VI, titre XIII, chap. 5.

un torrent d'eau qui donna en moins de deux heures 9 à 10 pieds de crue, qui augmenta jusqu'à 20. Les levées crevèrent en nombre d'endroits, depuis Roanne jusqu'à Orléans; la ville fut inondée, la plupart de ses rues ressemblaient à autant de rivières, le pavé fut totalement enlevé par la violence de l'eau, quantité de maisons furent renversées, et les habitants, tant hommes que femmes et enfants, se retiraient tous dans les couvents et dans les églises, comptant y trouver plus de sûreté et de secours, soit pour les tirer du péril, soit pour y recevoir des vivres, qu'on ne pouvait leur fournir que par les fenêtres des bâtiments. La rivière, entraînant tout ce qui se trouvait sur son passage, était couverte de bateaux vides et chargés, de bois de charpente, de tonneaux, de cercles, d'arbres, de moulins et d'autres débris qui abattirent quantité de ponts et qui firent infiniment craindre pour ceux d'Orléans. L'état des environs était encore pire à sept lieues au-dessus et au dessous de la ville... Cette inondation n'affligea pas seulement l'Orléanais, d'autres provinces en ressentirent aussi des effets terribles, la ville de Tours se vit sur le point d'être totalement submergée; il y avait dans l'église de Saint-Martin 8 pieds d'eau; elle était dans la cathédrale à la hauteur du principal autel; les habitants furent trois jours sans vivres, et la Loire, qui était déjà par dessus les ponts, menaçait la ville d'une ruine entière, si pour la préserver on n'en avait point détourné le cours, en faisant ouvrir la levée entre Montlouis et la Ville-aux-Dames, ce qui submergea aussitôt ce dernier bourg, sans pouvoir sauver ni habitants, ni bestiaux, ni effets. »

Il y eut encore, dans le 18ᵉ siècle, des malheurs causés par le débordement de la Loire, mais les crues dont on a conservé le souvenir comme ayant été les plus désastreuses furent celles de 1788 et de 1790. Depuis cinquante ans, les eaux se sont élevées, à différentes reprises, à des hauteurs extraordinaires; on peut citer, comme les années où elles furent les plus fortes, 1802, 1804, 1808, 1809, 1825, 1834, 1842, 1844; mais il n'en résulta que des dommages partiels, plus ou moins importants, si ce n'est en 1825, où l'inondation se montra avec une certaine impétuosité, qui fut de beaucoup dépassée en 1846. Tout le monde a gardé mémoire des terribles ravages que la Loire exerça alors du Puy jusqu'à Tours, la basse Loire ayant été épargnée.

Le 17 octobre, grossie par une pluie incessante qui tomba pendant près de trois jours, elle atteignit, à Roanne, le niveau des plus hautes eaux ; dans la nuit, la digue fut emportée et la ville submergée ; plus de 200 maisons disparurent ou s'écroulèrent ; une partie d'Andrezieux fut emportée, ainsi que le chemin de fer. Le 19 octobre, Nevers fut également envahi par la Loire. En quelques heures, de minuit à trois heures du matin, elle monta de plus de 4 mètres. Le 20, à onze heures du soir, une crue inattendue se fit sentir à Orléans ; deux arches du viaduc du chemin de fer du Centre furent enlevées ; le 21 au matin, les eaux étaient à 6 mètres 50 centimètres au-dessus de l'étiage. Dans la nuit, les levées cédèrent sur trois points, à Jargeau, à Sandillon, à Saint-Privé, et l'eau, se précipitant par ces brèches, couvrit bientôt le Val entier. A Orléans, la basse ville fut saccagée par les flots, et des maisons s'affaissèrent. La Loire et le Loiret se confondirent, et le 22 les désastres continuèrent. Les bas quartiers de Blois furent inondés ; la gare d'Amboise et d'autres parties du chemin de fer d'Orléans à Tours furent gravement endommagées, plus de 4 kilomètres de la voie furent détruits. Il y eut aussi des dégâts épouvantables sur tout le cours de l'Allier.

Quant aux inondations du Rhône, elles ne furent ni moins nombreuses ni moins violentes que celles de la Loire (1). Du 16ᵉ au 19ᵉ siècle, celles qui méritent d'être signalées comme ayant eu des conséquences ruineuses pour la ville de Lyon eurent lieu en février 1711

_____

(1) En voici la liste depuis celle de 1570 :
Décembre 1571 ; octobre 1573 ; août 1580 ; 1590 ; novembre 1651 ; 1669 ; novembre 1674 ; 1679 ; 1694 ; mars 1706 ; février 1711 ; novembre 1745 ; 1755 ; janvier 1756 ; juillet 1758 ; 1791. Nous empruntons ces dates, ainsi que quelques autres détails, à une notice publiée récemment dans la *Revue de Marseille*, par M. Matthieu, en faisant remarquer que la plupart de ces débordements du Rhône se firent sentir surtout dans le Midi, à Avignon, Arles, Beaucaire, Tarascon. Sur celui de 1651, il existe à la Bibliothèque impériale une pièce curieuse, imprimée dans cette même année, sous ce titre bizarre : *Lettre véritable des inondations prodigieuses et épouvantables accompagnées de plusieurs sons de tambours, choquement d'armes, sons de trompettes, courses de chevaux, et une horrible confusion de toutes sortes de bruits, arrivées en Provence le jour de la Notre-Dame de septembre dernier, envoyée à un ecclésiastique.* Paris, E. Pépingué, 1651. In-4°.

et en janvier 1756. Les quais et les faubourgs des Brotteaux et de la Guillotière furent couverts entièrement par les eaux. Le 1er janvier 1802, les mêmes désastres se renouvelèrent dans cette ville, et tous les pays riverains du fleuve jusqu'au bas Rhône , Avignon, Tarascon, Arles, éprouvèrent des dommages immenses. Le premier consul arriva à Lyon quelques jours après ; il venait y recevoir la présidence de la république Cisalpine, qui lui était conférée par la Consulte italienne réunie à Lyon. Vivement ému des malheurs de la grande cité ouvrière, il s'empressa de les réparer et de venir au secours des infortunés ruinés par le fléau.

Nous passons sous silence quelques débordements du Rhône qui apparurent de temps à autre, mais avec un caractère moins grave, pour arriver à la grande inondation de 1840, dont furent victimes neuf de nos départements les plus riches, la Côte-d'Or, Saône-et-Loire, l'Ain, l'Isère, la Drôme, l'Ardèche, le Gard, les Bouches-du-Rhône et particulièrement le Rhône, qui eut à supporter des pertes incalculables. Des pluies torrentielles tombèrent sans interruption, du 27 octobre au 2 novembre, dans les bassins du Rhône et de ses affluents. Le Rhône rompit partout ses digues ; il monta à Lyon à 5 mètres 37 cent. au-dessus de l'étiage et se répandit dans tous les pays avoisinants avec une rapidité sans exemple, à ce point que, dans l'arrondissement d'Arles, l'eau couvrit 30,000 hectares de terres à plusieurs mètres d'élévation, et que la petite ville de Martigues, située à 8 lieues des rives du fleuve, vit ses murs battus par les flots écumeux, entraînant tout sur leur passage. La Saône se joignit au Rhône, et les quartiers les plus populeux de Lyon furent engloutis. Quatre ponts furent emportés, et le nombre des habitations anéanties à la Guillotière et à Vaise fut alors évalué à plus de 500. Mâcon et Châlon, arrosés par la Saône, ne furent pas à l'abri de ces désastres. D'après les relevés administratifs, dans le seul département du Rhône, les pertes s'élevèrent à environ 15 millions.

En 1842, 1844, 1846, 1849 et 1851, les inondations du Rhône afffigèrent encore le midi de la France, mais elles ne furent que passagères et toutes locales.

Le cataclysme effroyable auquel nous venons d'assister, doublement désastreux, en ce qu'il s'est produit dans les contrées de la Loire et du Rhône à la fois, ainsi que dans d'autres parties de la France (1), est donc une de ces calamités auxquelles les nations sont soumises et qui dépassent toute prévision humaine. Il peut y avoir sans doute des moyens de les conjurer, d'en amoindrir les funestes résultats. Les plus salutaires comme les plus faciles ne seraient-ils pas de creuser les fleuves et de les contenir dans leur lit par des travaux d'endiguement, conçus et exécutés avec des conditions de solidité offrant toute résistance à la force de l'eau ? Nous avons de nombreux exemples de constructions hydrauliques bâties au milieu même de la mer, comme les jetées, les digues ; des ouvrages d'empierrement et de maçonnerie établis dans les grandes villes, comme les quais et les parapets, travaux d'art et de science qui maîtrisent les eaux, en leur opposant un obstacle de ciment et de pierres à jamais indestructible.

(1) Voyez *les Inondations de* 1856, titre sous lequel M. Octave Féré a réuni dans un petit ouvrage tous les malheureux épisodes de l'affreuse catastrophe qui vient d'émouvoir si vivement le monde entier.

EXTRAIT DU MONITEUR UNIVERSEL.
Du 20 juillet 1856.

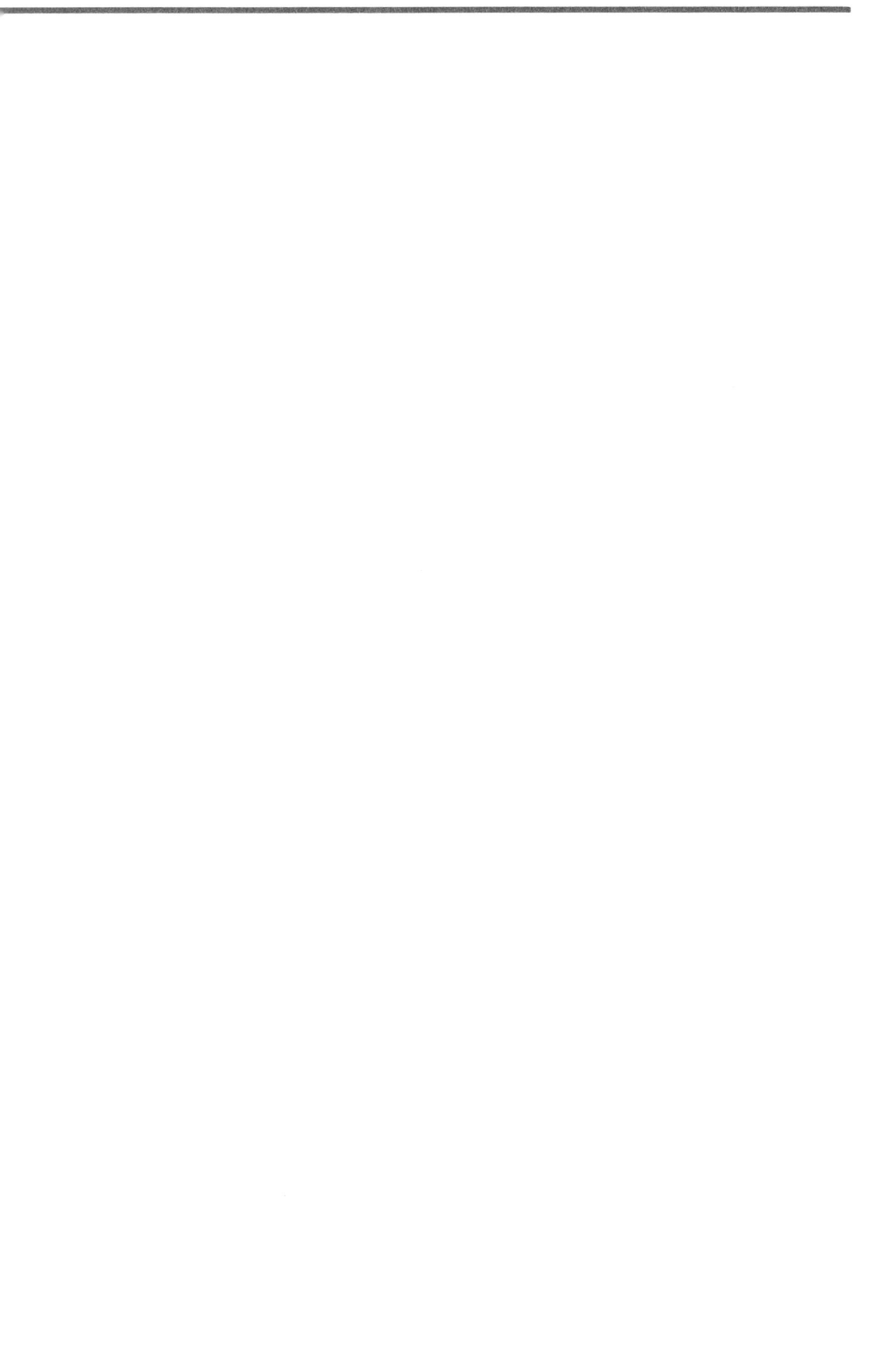

www.ingramcontent.com/pod-product-compliance
Lightning Source LLC
Chambersburg PA